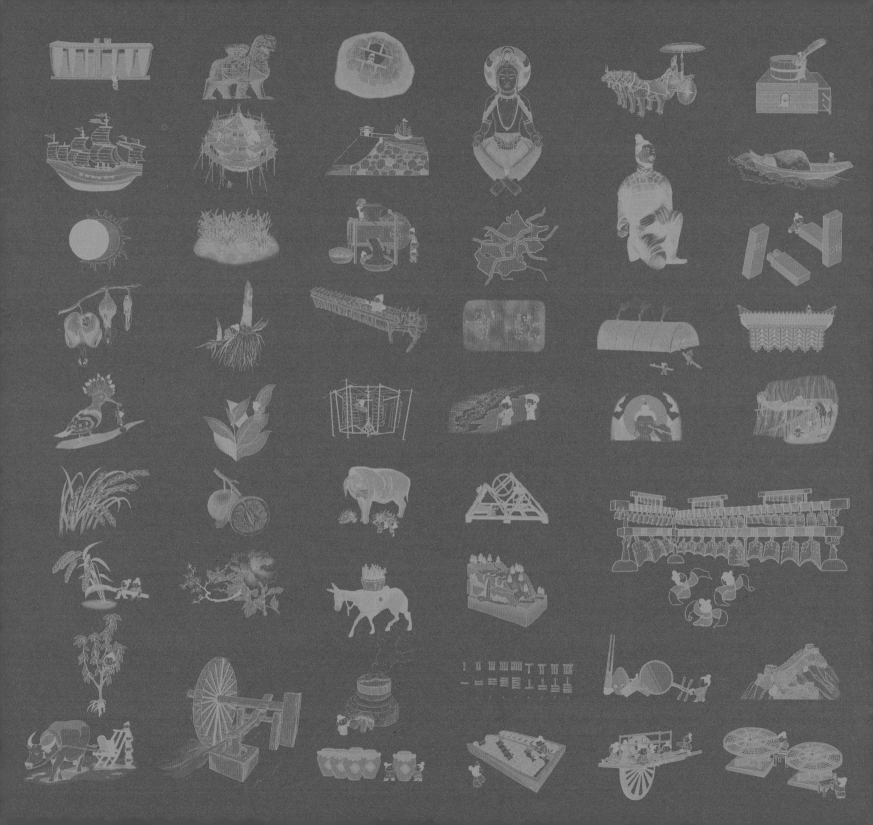

会 讲 故 事 的 童 书

Magnificent Chinese Science and Technology in Ancient Times

了不起的
中国古代科技❶

邱成利　谷金钰 主编　**文小通** 著

中采绘画　杨　义 绘

光明日报出版社

前　言

　　《了不起的中国古代科技》是一套为孩子量身定制的科普读物，内容包含中国科学院自然科学史研究所推选的重要科技项目和英国科技史学家李约瑟所研究的中国古代科技成果。

　　要想从浩瀚如星河的中国古代科技成果中选取一百多项，实在是一个大工程。经过专家们多次研讨、分析，最终确定以"了不起"为原则，选择了在当时领先全球的科学技术成果。

　　全书共四册。第一册主要展示中国古代农耕方面的科技成果，如二十四节气、水稻栽培、茶的发现、猪的驯化等；第二册、第三册主要展示中国古代领先于世界或独特的发明发现，如瓷器、青铜铸造、针灸、地动仪、"四大发明"等；第四册主要展示中国古代重大工程创造成就，如都江堰、秦陵铜车马、大运河、布达拉宫、紫禁城等。

因篇幅有限，书中涉及到工序流程时，部分内容只选择了几个重要步骤，不再一一指出。

　　由于古代科技发明创造十分繁杂，在进行目录排序时，编者进行了反复讨论，最终决定，用分类加时间的方式进行排列。比如第一册，先将本册的科技成就分成作物栽培、农具、调料作料等大类，然后将每一类按照时间先后顺序进行排列。

　　本书定稿后，专家们又进行了细致审读，前后共七次，每次都字斟句酌，反复推敲，加上撰稿、绘画、设计等时间，这套书精工细作，历时三年始出。

　　本书知识量大，难免有遗漏及错失之处，欢迎读者批评指正。

目录

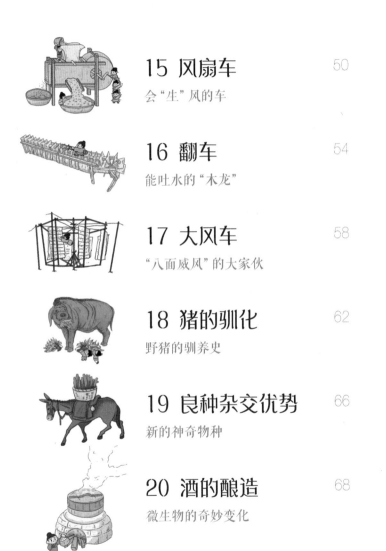

① 天象记录

古人看到的天空

传说在大约 4000 年前的夏朝仲康（夏朝第四代君王）时期，有一天，羲和（管理天文历法的官员）因为喝酒误事居然忘了观测天象。当中午时分突然出现日食的时候，百姓都以为发生了什么怪异的事……这个事件被记录下来，可能是世界上最早的日食记录，被称为"仲康日食"（又称"书经日食"）。

日偏食
太阳的一部分被月球挡住。

日环食
太阳的中心部分被月球遮住。

日全食
太阳全部被月球遮住。

日 食

在古代，发生日食被认为是一件非常严重的事情。古人认为，太阳是君主的象征，出现日食是上天在对人类发出警示，君主说不定还要受到惩罚呢。"天狗食日"一般指日食。

事实真的是这样吗？当然不是啦。日食又叫日蚀，当月球运行到太阳和地球中间的时候，月球会挡住太阳射向地球的光，月球身后的黑影正好落到地球上，这时就会出现日食了。所以，日食只是一种正常的天象，并不是上天发出的警示。

月 食

你可能想问，如果有日食的话，会不会也有月食呢？其实，古人常说的"天狗吃月亮"就是指月食。

你知道吗？

日食和月食的发生是有规律的：日食总是发生在农历初一，月食总是发生在农历十五左右的满月时。不过，并不是每个月的初一和十五左右都会发生日食和月食。

我只想说，我是人类虚构出来的。

天狗

月全食
整个月球进入地球的本影内。

月偏食
月球只有部分进入地球的本影。

半影月食
月球只是掠过地球的半影区，很难用肉眼看出差别。

我看也是，因为我和我的小伙伴都没吃过月亮和太阳，我也没长过翅膀。

月食的形成跟日食的形成很像——当地球运行到太阳和月球之间的时候，太阳射向月球的光线会有一部分或完全被地球掩盖，这样就形成了月食，真的和天狗没关系哦。

五星连珠

你一定听说过水星、金星、火星、木星、土星这五颗行星吧？但你们见过这五颗行星同时出现在同一个方向并从高到低连成一条线吗？武王伐纣、灭商建周前，就出现过这种"千载难逢"的奇观。科学家推算，在 2040 年 9 月 9 日，天空会再次出现罕见的"五星连珠"现象，到时候别忘了去观看哦！

彗发
由气体和尘埃组成，是雾状物。

离子彗尾
主要由离子气体组成，一般是蓝色。

彗核
由干冰、岩石、尘埃等组成，是个"脏雪球"。

尘埃彗尾
主要由微尘组成，多为黄色，一般肉眼很难看到。

彗星

你见过"长着尾巴"的星星吗？有一种"长相奇特"的星星，看起来像云雾一样，身后拖着一条像扫帚似的"尾巴"，这就是"彗星"。马王堆汉墓出土的帛书中，就绘有 29 幅不同形状的彗星图。

我向流星许个心愿……

流星不过是些小石头和尘埃之类的罢了。

流星

当你仰望星空时，是否看到过一道白光一闪而逝呢？这就是流星哦。也许，你还曾看到有无数亮点飞流，就像在下雨，这就是流星雨。太阳系内有很多大大小小的颗粒状碎片——流星体，当它们飞入地球大气层，跟大气摩擦燃烧时，会在夜空表现为一条光迹，这就是流星。

太阳多完美啊！

太阳上面有很多黑点哦。

太阳黑子

平日你看到的太阳耀眼明亮，其实在它的表面，有些地方的磁场强度高于其他地方，温度没有其他地方高，看起来会暗一些，这些地方就叫"太阳黑子"。

新星和超新星

天空中有一些原本很暗的星星，突然爆发出强度很大的亮光，这就是新星；当亮度增强到一亿倍甚至几亿倍时，就是超新星。之后，它们又慢慢暗下去，就像在星空做客后告退了，所以古人把它们称为"客星"。

二十八星宿

上古时代，中国人就热衷于天象观测了，他们将黄道附近的星象划分成28个区域，称为二十八星宿。二十八星宿分为东、南、西、北四宫，每宫七宿，七宿连缀在一起，被想象为一种动物——东方是青龙，南方是朱雀，西方是白虎，北方是玄武。

天象有什么用

古人会根据对天象的观测来指导耕作。如果不进行观测而随意耕作，很可能一年颗粒无收，甚至一个部落也会因此消失。

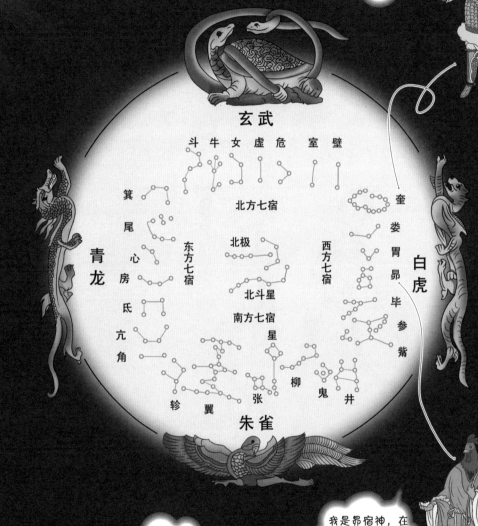

② 阴阳合历

最实用的历法

西汉初年,朝廷沿用前代的历法,但此历存在误差,汉武帝刘彻(公元前156年—公元前87年)很不满意,司马迁等大臣便提出改制历法。汉武帝采纳了。到了太初元年(公元前104年),由落下闳(hóng)、邓平等人创制的新历法完成,汉武帝下令实施,后人便把这部历法称为"太初历"。《太初历》被认为是古代中国第一部较完整的历法。

春天　　　　　　夏天　　　　　　秋天　　　　冬天

农事活动与四季变化密切相关，因此，历法最早是为农业生产而创制的。

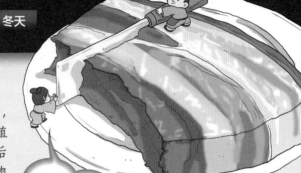

阴历腊月就可以做腊肉啦！

阴历是什么

太初历是阴阳合历体系。阴历主要是依据月亮运行规律而创制的历法。

在很久以前，古人就已经注意到月亮有圆缺的变化了。他们还发现，这种变化是有规律的，大约每隔 29.5 天，月亮的圆缺就会重复一次。古人于是把 29 天或 30 天定为一个月，把 12 个月定为一年。这就是阴历。

腊月与腊肉

在阴历中，十二月被称为"腊月"，举行冬祭那天被称为"腊日"。腊月正值严冬时节，适宜加工食品，古人把腌制后风干或熏干的肉类称为"腊味"，包括腊肉（主要是猪肉）、腊鸭、腊鱼、腊肠等。

可是……我不能吃"辣"。

阳历是什么

古人不仅发明了阴历，还发明了阳历。阳历是以地球绕太阳公转的运动周期为基础而制定的历法。阳历的一年也是 12 个月，根据阳历的日期，可以明显地看出四季的变化。

现在用什么历法

现在世界通用的公历就是阳历，平年 365 天，闰年 366 天，每四年一个闰年。

月亮的"脸"

你已经知道阴历是根据月亮的变化来制定的，那就再了解一下什么是月相吧！你在地球上看到被太阳照亮的月亮有不同的形状，这就是月相。月相有时是圆圆的，有时是弯弯的，月亮的"脸"总是在发生变化。

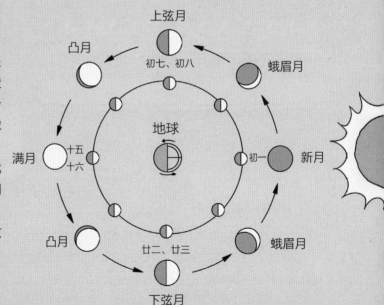

上弦月
凸月
初七、初八
蛾眉月
满月
十五十六
地球
初一　新月
凸月
廿二、廿三
蛾眉月
下弦月

夏天下雪，难道是天出问题了？

阴历

可能是我出问题了……

阴历的"烦心事"

阴历也有烦心事，它不能像阳历那样对应四季。它的标注与实际天气总有不符的时候，比如，阴历上明明写的是夏季，可是天空却飘起了大雪。时间久了，百姓会因此感到烦恼，因为它使人无法正常地安排农事活动。

为什么会这样呢

阴历的每个月为 29.5 天或 30 天，一年 12 个月为 354 天或 355 天。但这个历法比实际的一年要少 11 天多。时间一久，就出现了节气偏差或季节颠倒。

354天

春　夏　秋　冬

365天

11天

29.5 × 12=354 天
一年为 365 天
相差 11 天

农历大赢家

有了阳历，有了阴历，怎么还有个农历？到底该看哪一个呢？不急不急，你马上就会知道了。农历其实是阳历和阴历的集合，也就是阴阳合历。它既能对应天象，又包含二十四节气，有利于四季划分，还能反映潮汐变化……

请闰月来帮忙

怎么才能帮帮阴历呢？古人真是太聪明了，居然想出了闰月。他们制定了"十九年七闰法"，就是以 19 年为一个周期，在 19 年中插入 7 个闰月。为什么非要"十九"年而不是二十年呢？这是因为 19 个月亮年和 7 个闰月总共是 6939.691 天，19 个太阳年总共是 6939.6018 天，它们只差了 2 个小时。这样一来，阴历就能准确地对应季节了。

节日和农历

中国传统节日中的春节、元宵节、端午节、中秋节等，都是以农历为依据计算确定的。

闰月是什么

阴历每隔几年就安排一个含有 13 个月的年份，多出来的这个月就叫闰月。

古人怎么"测量"时间

有了阴阳合历，古人就能明确时间，很好地指导自己的生活了。那么，你知道时间是怎么"测量"出来的吗？一起来看看吧。

夏至

冬至

表

日影

圭

圭 表

圭表又叫日晷（guǐ）、日规。"表"是直立地面上的一根杆，"圭"是水平放在地面上的有刻度的标尺。当太阳转到正南方时，表影落在圭上，通过上面的刻度测量出影的长度，以此推算出冬至、夏至等时间。

漏 刻

漏刻也叫刻漏、弧刻，有泄水型和受水型两种，受水型"风头"更大。它是这样工作的：水从漏壶注入受水壶，浮在受水壶水面上的漏箭随着水面上升，指示时间。据史书记载，西周时就出现了漏刻，后来，有的漏刻的受水壶里还被放入铜人，铜人抱着箭杆，人们根据箭杆上的标志来报告时间。

浑天仪

浑天仪也可以用来测量时间。据说，它是西汉时期的落下闳发明的，到了东汉时，科学家张衡改进了它，还在浑天仪上附了神龙，神龙把水吐进壶里，壶上的仙人和侍从抱着箭，右手指着刻度，指示时间。浑天仪有如一个立体的活动日历。

水运仪象台

这是一种大型天文仪器，以漏刻水力驱动，能进行天文观测，也能报时。

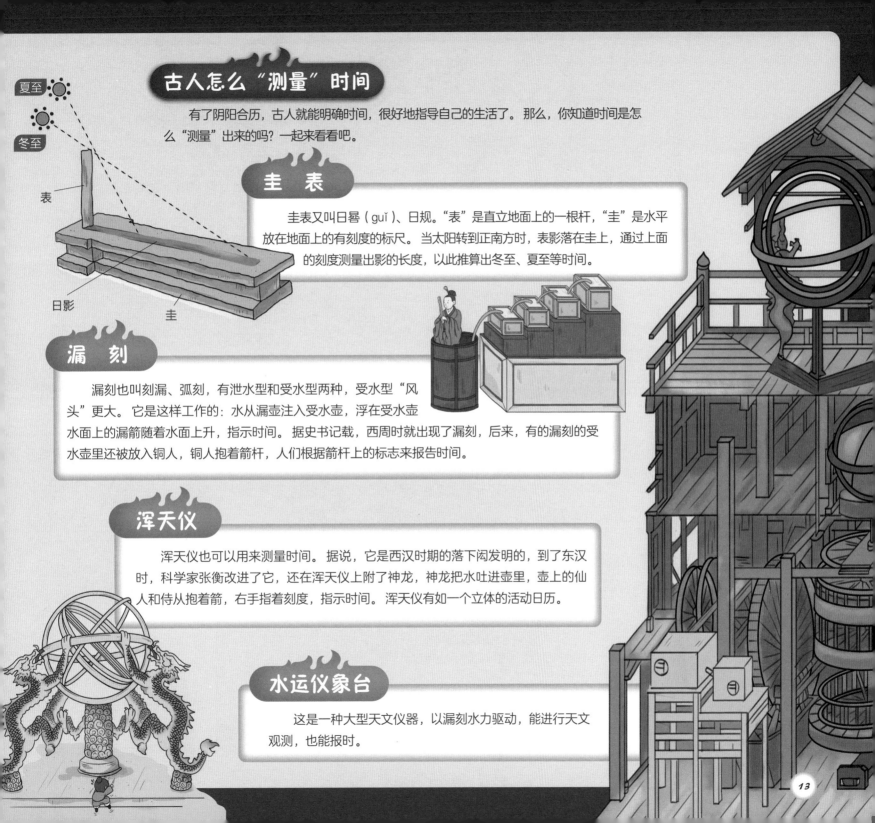

③ 二十四节气
古代生产生活指南

神话中有一个人面鸟身、骑乘双龙、名叫句（gōu）芒的人，他是主管植物生长的春神（木神）。有一年立春这天，句芒正打算带领百姓翻土犁地，牛却跑去睡觉了。句芒便用泥巴捏了一头牛，还让人用鞭子打泥牛，偷懒的牛被惊醒，吓坏了，急忙去干活。从这以后，"打春牛"就成为立春的一个仪式，表示春耕开始了，要抓紧时间干活了。

立春是二十四节气中的一个重要节气，标志着春季的开始。

"二十四节气"是上古农耕文明的产物，它是上古先民顺应农时，通过观察天体运行，认知一年中时令、气候、物候等变化规律所形成的知识体系。

二十四节气的由来

古人凭着肉眼观测到很多天象变化，发现了一些星辰运行的规律，由此确定了四季的变化。古人把太阳周年运动轨迹划分为二十四等分，每一等分为一个节气，到汉朝时，已经形成了从立春开始到大寒结束的二十四节气。

二十四节气歌

春雨惊春清谷天
夏满芒夏暑相连
秋处露秋寒霜降
冬雪雪冬小大寒

戴胜鸟你好！

在二十四个节气中，还将每个节气分为三候，五天为一候，每一候都对应一个物候现象，一共七十二候。

物候现象有观察动物的，比如"鸿雁来"、"寒蝉鸣"、"蚯蚓出"、"螳螂生"、"戴胜降于桑"等。

物候现象有观察植物的，比如"桃始华"、"萍始生"、"苦菜秀"、"王瓜生"、"菊有黄华"等。

物候现象有观察自然现象的，比如"东风解冻"、"雷乃发声"、"大雨时行"、"虹藏不见"、"水始冰"等。

物候和农时关系密切，古人还注意到，从小寒到谷雨的八个节气二十四候中，每候都有花朵盛开，于是在每一候中挑选出一种花期最准确的植物作为代表，形成了"二十四番花信风"。

④ 水稻栽培

野草的"崛起"

大约12000年前，在南方的一片原始森林里，一些原始人在寻找食物时，偶然发现，有一种叶子细长的杂草，秆上长着一些籽粒，籽粒可以吃，尤其是野火烧过的籽粒，吃起来香喷喷的。这可是重大的发现，他们开始有意识地把籽粒种在离部落很近的地方。一次又一次，一年又一年……在付出了上千年的努力后，他们终于把这种野草驯化成了粮食作物——水稻。在以后的岁月中，随着栽培技术不断提高，水稻长势更好了。稻谷去壳后就是大米，大米一直是南方的主要粮食作物。

神奇的仙人洞

江西万年大源盆地有一个叫仙人洞的溶洞，这个洞穴遗址中出土了目前世界最早的栽培水稻硅石标本。一些学者推测，仙人洞可能是世界稻作之源。

堤坝系统

大约5000年前，良渚人建造了中国第一个堤坝系统，用来灌溉稻田、防洪和运输等。

除去稻壳

史前时代，人们吃稻粒时会带壳一起吃，后来，河姆渡人用杵臼除去了稻壳，这样吃起来口感就好了一些。

煮熟的稻种

春秋时期，传说吴国人偷学楚国的水利灌溉技术，使国力强盛。越王勾践把煮熟的稻种送给吴国，以削弱吴国的实力。

我来给你们讲讲。

你知道吗？水稻能驯化成功和基因遗传有关。

基因是一个很时髦的词，但不太好理解，简单地说，基因就是遗传因子。它蜗居在小小的细胞中，却储存着生命的全部信息。打个比方，水稻的后代一定是水稻，而不是小麦，这就是由基因决定的。而饱满的水稻的后代，一般也会很饱满。

基因的"性格"很稳定，但也有不稳定的时候，那就可能产生基因突变。基因突变之后的生命，会出现和祖先们不一样的特征，还可能把这种特征遗传给后代。如果一株水稻基因突变后，个头儿变高了，那么，它的后代也可能是高个子。

你千万不要误会，以为有了基因突变，野草就能变成水稻了。这可不是变魔术，它还需要人工选择。当野生稻成熟后，一些稻穗会破裂，种子落在地上，让人很难收集；还有一些稻穗发生了基因突变，没有破裂，人类便选中了这样的稻穗进行培育，最终驯化成了水稻。

张堪和水稻

东汉人张堪到渔阳郡（今北京境内）做官时，渔阳还很荒凉，百姓生活艰苦。张堪深入考察后发现，当地有很多河流，水质、水量和土质适合种植水稻。于是，他把南方的稻种和种植技术引入渔阳，劝导百姓开辟水田。百姓半信半疑，结果，秋天丰收，获得很多粮食。渐渐地，渔阳富裕起来。本来"定居"在南方温暖地区的水稻顺利"搬迁"到了相对寒冷的北京，从此，很多北方百姓都吃上了香喷喷的大米饭。

唐宋以后，很多地方都出现了"稻花香里说丰年"的景象。

对人类有用

无论哪一种驯化，核心都是对人类有用。水稻驯化也是这样的。

落粒性

驯化前，水稻的野生祖先们的种子一成熟就会热情奔放地从穗上脱落，以便繁衍后代；驯化后，水稻种子不容易脱落了，方便了人类收割。

休眠性

驯化前，水稻的野生祖先们的种子非常"贪睡"，有的能睡好几年，睡足了再萌芽；驯化后，种子变得"勤奋"了，休眠性降低，或者干脆不休眠，慢慢开始统一萌芽，大大方便了人们管理。

休眠的稻种　　萌芽的稻种

水稻的"胡须"

驯化前，水稻的野生祖先们长着很长的芒，就像茂盛的胡须；驯化后，水稻的芒变短了，有的干脆没有。

水稻的"模样"

驯化前，水稻的野生祖先们的稻穗是开散的，种子稀少，籽粒很小；驯化后，水稻的稻穗紧密，种子繁多，籽粒很大。

 颖：稻粒的外壳

 颖果：外壳中包裹的糙米

水稻的"变身"

在众多的农作物中，水稻的名气是最大的。我们平时吃的大米，就是由水稻加工而成的。现在，一起来看看水稻是怎么变成大米的吧。

清除杂草和害虫的任务可以请鸭子们来帮忙。

开始插秧啦！把秧苗插入稻田时，间隔一定要整齐有序。

翻土整地，给稻种铺好松软平整的"床"。

培育秧苗，把芽种（出芽的水稻）播撒到苗床上，等待出苗，长大。

终于收割啦，用镰刀割下稻子，扎成小捆；落下的稻穗也要捡起来哦。

用连枷（jiā）拍打稻子，使其脱粒。

舂（chōng）米啦！用杵把稻壳砸掉，就露出白亮的大米啦！

5 粟的栽培

狗尾草的演变

距今8000—7500年前，北方的一些原始人在觅食时，意外地发现，狗尾草的籽粒可以吃。后来，他们发现，捏着草秆放在火上烧烤，烤熟的籽粒更可口一些。于是，他们开始驯化狗尾草，年复一年，他们挑选出大而饱满的籽粒种在地里。经过数千年的驯化，狗尾草的籽粒变得又大又多，最终演变成一种粮食作物——粟，也就是谷子，去壳之后就是小米。

狗尾草

粟

发明了挞禾

听说过"良莠（yǒu）不齐"这个成语吗？它是指好的和坏的混杂在一起，你也可以理解为粟和狗尾草混杂在一起，因为周朝人把狗尾草叫作"莠"。狗尾草和粟长在一起，会与粟争夺阳光、养分。古人于是拔除狗尾草，或者手里拄着木棍，用脚把泥培在小苗的根上，把狗尾草踩进泥里，使狗尾草不能生长。这就是挞（tà）禾。

给小米"铺床"

粟不挑剔土壤，但要求整地，否则就"罢工"，不好好生长。古人发现了粟的"个性"后，开始深耕细作，还精心施肥。如果明年准备种粟，今年就先上肥，提前把有营养的"床铺"准备好。

下种的学问

播种前，要选择嘉种，就是饱满圆润的种子。如果想种在山坡上，山坡地暖，要提前撒种；如果想种在河湾里，河湾地寒，要晚一点种。元朝时，古人发明了砘子，撒种后，用砘子碾压，使土壤坚实，长出来的苗就很强壮，结的穗子也会饱满。

间苗是什么

禾苗破土而出后，还要间苗，就是把稠密的苗拔掉一些，让剩下的苗能够充分享受阳光雨露。间苗时，要坚守"留强去弱"的原则，不要把强壮的苗拔掉。

粟起源于中国，从新石器时代一直到唐朝，在几千年中都是北方的主要粮食作物。

❻ 大豆种植

穿越千年的物种

传说帝喾（kù）的妃子姜嫄（yuán）外出时，踩上了一个巨人的脚印，因此受孕，生下一个男孩。姜嫄以为男孩是妖怪，就把他扔到小巷，但牛马却避开他，并不踩踏；又想把他扔到山林，但人多没有扔成；又把他扔到河冰上，忽然飞来大鸟，用羽翼给他保暖。姜嫄觉得神异，便把男孩抱回抚养。这个男孩就是周族始祖后稷。后稷小时候爱种麻和菽（shū），长大后，教百姓种植五谷，被尊为"农神"。后稷所种的菽，就是大豆。

你知道吗？

大豆起源于中国，原产地是中国云贵高原一带，至今已有 5000 年的种植史。世界各国栽培的大豆都是直接或间接由中国传播出去的。

大豆最初的样子

你现在吃的大豆和远古时期的大豆不完全一样。那时候，野生大豆的叶子很小，茎很细，有很多分枝，还喜欢到处缠绕，结出的豆粒也是瘦瘦小小的。虽然当时也有人工栽培的大豆，但长相很"寒碜"。

> 唉，豆粒又干又瘪，愁人！

《诗经》里的大豆

西周时，野生大豆和人工培植大豆仍然"并驾齐驱"。《诗经》中写的"中原有菽，庶民采之"，意思是田野里长着大豆，百姓都去采摘。

你知道吗？

大豆是世界上最重要的豆类，被称为"豆中之王""田中之肉""绿色的牛乳"。

肥稀瘦密

随着古人对大豆的了解越来越多，以及栽培技术不断进步，古人注意到，在较为肥沃的土地上，大豆可以种得稀疏一些，以便充足地汲取阳光和养分；在较为贫瘠的土地上，大豆可以种得稠密一些，使丰收的机会更大。这个"肥稀瘦密"的方法一直沿用到今天哦。

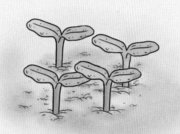

大豆也要"打扮"

如果大豆长得茂盛，枝叶倒伏在地上"披头散发"，这时就要好好"打扮"它了。要把一些繁密的枝条掐掉，这就是整枝，目的是让豆苗能很好地通风、透光，长得更好。

"你来我往"的轮作

古人在种田时形成了一个习惯，如果今年种了大豆，明年就不在同一块土地上种大豆了，而是改种玉米等其他作物，因为不同的农作物能均衡土地的养分。

嗯，长得不错！明年该种大豆了。

你知道吗？

大豆一般都指种子而言。根据大豆的种子种皮颜色分成：黄大豆、青大豆、黑大豆；按用途分为：菜用大豆、生豆芽的品种和饲料豆等。

好伙伴就要在一起

如果在桑树间或芝麻间种大豆，彼此也能长得更旺盛。这种"间作套种"也是古人的大发明哦。

神奇的根瘤

大豆的根瘤是根瘤菌入侵形成的，它并不"伤害"大豆，而是和大豆"相依为命"。大豆通过光合作用制造糖分"喂养"根瘤菌，根瘤菌将空气中的氮气转化为氨类物质"喂养"大豆，它们是一对友好的搭档。

大豆的油

古人很早就从大豆中获取植物油了，只不过，那时候的油不是榨出来的，而是把大豆上火蒸煮，如此反复几次熬制出来的一种膏状物。

白嫩的豆腐

相传汉高祖刘邦的孙子淮南王刘安（公元前179年—公元前122年）平时喜欢炼丹药，有一次，他不小心将石膏掉进豆汁里，引发了蛋白质变性，豆汁很快凝固。刚开始众人还担心有毒，但后来有人大胆尝了一口，发现竟然非常美味，最早的豆腐就这样诞生了。

"豆"的名字

豆科植物原来不叫豆，而叫"尗"（shū），把尗捡起来，就是"叔"，加上草字头，就是"菽"。菽与豆的古音相近，后来通用，大约秦汉时或以后便开始把菽叫豆了。南北朝时，贾思勰写了农书《齐民要术》，记载了黑白两种大豆，并开始分品种栽培。

还有一种"豆"

顺便"插播"一下，还有一种"豆"并不能吃，是用来盛肉或其他食物的器具，也可以充当礼器。它的外形就像高脚盘，有陶制、木制、青铜制的。

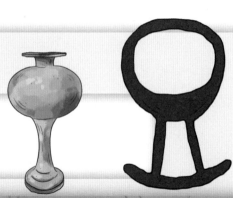

分行播种

先进的耕作方式

很早以前，古人种庄稼时，用手把种子均匀地撒在地里，这叫撒播；也有人会隔一段距离挖一个小坑，把种子放到小坑里，这叫点播。当庄稼长出来时，就像天上的繁星一样，显得很杂乱。这样的情形持续了很多很多年。春秋战国（公元前 770 年—公元前 221 年）时，分行栽培技术（垄作法）被发明出来，种出来的庄稼整齐有序，收获也多了，而欧洲直到 2400 多年后才掌握这项技术。

如果土地干旱,可以把苗苗种在沟里,因为水往低处流。

如果降雨很多,可以把苗苗种在垄上,也是因为水往低处流。

垄上行

分行栽培法有什么好处呢?好处大着呢。古人发现,如果把田地开成一条条的垄、一条条的沟,然后再种庄稼,庄稼横也成行,纵也成列,线条是直的,风就会顺利通过,阳光也容易照射进来,还方便清除杂草,庄稼就能长得很好,因此,分行栽培法深受欢迎。

赵过这个人

汉武帝时期,搜粟都尉赵过研究了分行栽培技术,把它"升级"了。也就是等庄稼长出来后,锄草时,把垄上的草和土都锄到沟里,使庄稼的根更稳固,能抗风。第二年,把沟和垄的位置互换,保持了地力。

播种机始祖——耧车

分行栽培后,种子就不能随手撒啦,种子基本"走直线",彼此之间的距离也有严格的规定。赵过又发明了三脚耧(lóu),就是播种机,能同时播种三行垄。耧车可以用牛拉,就可以按可控制的速度将种子播成一条直线,不仅速度很快,还确保了行距、株距的一致。

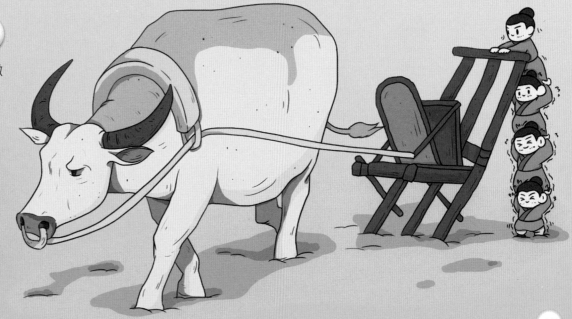

⑧ 多熟种植

巧妙的精耕细作

多熟制包括一年两熟、一年三熟、两年三熟、两年五熟等。这意味着，一年中可以收获2~3次，两年中可以收获3~5次。收获次数越多，食物也就越多。

自古人开始种植农作物后，很多人都能填饱肚子了。可是，随着人口不断增长，开垦出来的土地却有限，有一些人还会饿肚子。起初，古人一年播种一次，收获一次，农作物一年一熟。至迟在战国（公元前475年—公元前221年）时，有些农作物一年能成熟两次甚至三次。这偶然的发现，让人们开始一年播种两次甚至三次，从而收获更多，慢慢地解决了吃不饱的问题。

地力的利用

战国时，古人已进行复种，有的一年播种两茬，有的一年播种三茬，而直到 18 世纪，欧洲还是单作，就是一年只种一茬。

什么是混作

多熟种植包括混作、套作、间作等方式。汉朝时，北方人发明了混作技术，就是混种，把不同的农作物种在一起，如小麦与豌豆搭档，高粱与黑豆搭档，棉花与芝麻搭档。

什么是间作

在同一块土地上，在作物的同一生长期内，在这种作物的行株间栽培另一种或多种作物的方式，就是间作。明朝的时候，古人还这样种麦子和豆子，或者棉花和红薯，麦子和豆子"搭档"能补充土壤中的氮元素。

到底怎么种地

如果有一户人家，一年中在同一块土地上种了两种或两种以上的农作物，这就叫多熟种植。这种技术既节省土地，还节省时间，增加了收获。

什么是套作

汉朝人还开始了套作，就是套种。如一个人种了小麦后，小麦快成熟时，他又在小麦的畦间种上了玉米，这就是套作。等小麦收割后，玉米也长起来了，充分利用了土地。

清朝时，农民对蒜、菠菜、白萝卜、小麦等作物进行间作套种，竟然带来了两年十三收的惊喜。

竹子的利用

⑨ "能文能武"的植物

8个字的歌

"断竹，续竹；飞土，逐宾（ròu）。"这首《弹（dàn）歌》虽然是一首短短的二言诗，却生动描绘了原始人从制作竹子弹弓到狩猎的全过程，文字朴素，气势豪迈。

在 10000—5000 多年前的新石器时代，原始人已经开始利用竹子了。他们将砍伐的竹子制成弹弓，然后用泥土制成弹丸，依靠弹弓发射出去，以追逐、袭击猎物。在六七千年前，湖南洞庭湖的一些原始人开始用竹子建墙，竹子走进了建筑世界。在 4000 多年前，浙江的一些原始人用竹子做出了竹篓、竹篮、竹笪箩、竹簸箕、竹席等。后来还有竹筷、竹筹等。

竹子是草还是树

竹子看起来挺拔高耸，跟木本科的树木很像，不过它的茎却是中空的，竹茎也显示不出年轮。竹子跟水稻、芦苇等同属禾本科植物，但并不是树。

草本植物

木本植物

禾本植物

竹子也分公母吗

竹子没有公母之分，它们是雌雄同株，依靠根来繁殖。出笋多的竹子叫"母竹"，古人一般会取"母竹"进行栽种。

竹子开花

对于古人来讲，竹子开花是令人悲伤的，因为竹子的根像网络一样连在一起，一旦一根竹子开花，附近的竹子都会跟着开花，然后枯萎死亡。至于竹子为什么开花，开花后为什么死去，至今还在探索中。

地下茎

地下茎在土中蔓延，一旦站稳"脚跟"，就会从节上长出须根和芽。一些芽发育成竹笋，如果不及时采摘，竹笋就长成竹子了。另一些芽则长成地下茎。

你知道吗?

古人喜爱竹子，竹子因此成为绘画和诗词中的"常客"。清朝郑燮写过一首《竹石》："咬定青山不放松，立根原在破岩中。千磨万击还坚劲，任尔东西南北风。"诗歌吟咏了傲然挺立的竹子，表达了顽强刚毅的情操。

竹笛

世界上最早栽培和利用竹子的国家就是中国。据说黄帝还曾令人做竹笛。为何用竹制笛呢？因为竹子好加工，发音清脆，取材也方便。

一起来看一看古人是怎么制作竹简的。

剖竹 去除竹节，剖开竹子，字要写在竹子内面。

杀青 新鲜的竹子里含有汁水，要在火上烤干。

上胶 把胶质的液体涂抹在竹片上，写字时墨迹不会晕开。

编连 用绳子把单独的竹片编连在一起，这就成为"一本书"啦。

竹简

你现在看书写字都离不开纸，但纸的推广使用是在汉朝。在这之前，人们会在竹片上写字。把竹子削磨成片后，在每片上写一行字，然后在竹片的两端凿出一个凹槽，再把所有写字的竹片用牛皮绳串编起来，这就是竹简。《礼记》《论语》等名著都是依靠竹简流传下来的。

罄竹难书

"罄（qìng）"是尽、完的意思，"竹"指古人用来写字的竹简。这个成语形容一个人罪恶多得用光了竹子都写不完。

你知道吗？

千万不要以为所有的竹子都是空心的，南美洲的智利就有一种实心的竹子。

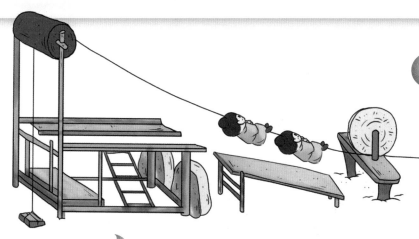

竹缆打井

汉朝时，古人把竹篾绞成了粗绳子，非常结实、耐拉，遇水后强度还会增加。他们用这种竹缆打井，打出了深达1600多米的盐井。19世纪时，"竹缆打井"的技术传入欧洲。

一日不可无此君

竹子有节、笔直，古人用竹象征高尚情操，竹子又很实用，可谓"文武双全"。苏轼说，竹可盖房，竹笋好吃，竹筏可渡人，竹皮可做衣服，竹鞋可穿，竹片可写字，"一日不可无此君"。

古代"自来水管"

公元1094年，宋朝大学士苏轼被贬到惠州（今广东惠州），他听说当地江水又苦又咸，百姓缺乏干净水饮用，常常引发疾病，便写信给广州太守，让他在蒲涧山（白云山）滴水岩下建大石槽，用几根竹管引水，然后一管管接进城，城中再建大石槽，用几根大竹管分引到各处。就这样，900多年前的广州人就喝上了"自来水"。

竹筒

立式水轮

支撑架

转啊转的筒车

唐朝人用竹子制造了一种筒车，筒车立在河中，水流冲击水轮，水轮带动竹筒转动。竹筒转啊转，转到水里时，就灌满了水，转到高处时，就把水倾泻到水槽中，这样就可以灌溉农田了。

你知道吗？

船只的水密隔舱就是受到竹节启发而发明创造的。

竹 纸

竹子的纤维又细又长又结实，还有弹性，能抑菌。古人奇思妙想，用竹子造出了纸。

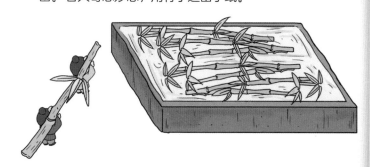

砍伐竹子后，要放入池水浸泡100天左右，去掉青皮，然后蒸煮，捣成竹泥，做成薄片，晒干后就是纸了。

⑩ 茶的发现

可以提神的树叶

相传 6000 多年前，中国上古部落首领神农在尝百草的时候，不小心中了毒，觉得头晕眼花，嘴巴和舌头也发麻，便坐在一棵树下休息。忽然一阵风吹过，飘来一股清新的气息，几片叶子落下来。神农捡起一片叶子放入口中咀嚼，开始觉得有点苦，但很快就有一股清甘的回味，精神也振奋起来，头也不晕了。神农又惊又喜，采了些叶芽带回去分给其他人。后来，神农将长着这种叶子的树称为茶树。

曾经是祭品

中国是茶的故乡，中国人最先形成饮茶的习惯。不过，原始时代是吃茶叶的，还把茶叶当成祭品，后来才把它列入饮品的行列。

让茶树在阴凉里生长

古人栽培茶树非常精心。茶树喜欢温湿气候，不喜欢"太阳浴"。为了让茶树"避暑"，古人把它们种在山坡或阴凉的地方，甚至还特意多种别的树，让茶树在阴凉里生长。

"法如种瓜"

唐朝人陆羽（约公元733年—约804年）提到，种茶"法如种瓜"，种茶和种瓜一样，在坑里直接撒茶籽，"三岁可采"。疏松的土壤种茶最好。

走向世界的种茶技术

中国的种茶技术早在唐朝时就传到了日本和朝鲜。今天，世界上所有产茶的国家，其茶树苗种和栽培技术都是从中国直接或间接传入的。

压条法

明朝时，有人注意到，把茶树的枝条压入土中，这些枝条在土壤中吸收了养分后，就会生根发芽。明朝人便在它们长出根后，把它们分苗而种了。

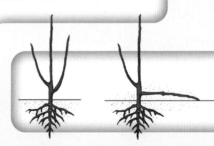

茶叶"变戏法"

茶叶并不是采摘下来就能泡水喝的，而是要经过一个漫长的"大变身"过程，一起来看看清代绢本彩绘《茶景全图》中茶的制作过程吧。

原始人与茶

6000 多年前，在浙江余姚田螺山一带，原始人已经开始种植茶树，这是中国第一个人工种植茶树的地方。

播种 翻地后，茶树种子要均匀的撒入坑中，并且保持间距。

施肥

茶苗生长时，要给它们施肥，补充营养。

茶饮料

茶叶包括茶树的叶子、芽，别名"茗"；茶饮料为世界三大饮料之一，大致分为绿茶、红茶、乌龙茶、白茶、黄茶、黑茶。

装茶

按成色给茶分类，然后把茶装箱；通过水路或陆路运到各处，就可以卸货了。

熏茶

这时需要焙（bèi）茶了。取来炭火盆，烧上炭，然后把茶叶放上去熏烤，使茶味浓郁。

从药到饮料

原始人发现新鲜的茶叶可以解毒，所以有了"神农尝百草，日遇七十二毒，得茶而解之"的说法。直到西汉时，茶饮料才从药用变成宫廷高级饮料，西晋以后变成普通饮料。

晒茶

把茶叶的水分晒干，就可以筛茶了。

采茶

古人一般在春日的晴天采摘肥芽嫩叶，最好是在清晨露水没干的时候用大拇指和食指掐着小芽摘下。

筛茶

把茶叶中的茶梗筛除，破损的茶叶也要清除出去，以保证茶的质量。

《茶经》

唐朝茶学家陆羽有"茶仙""茶圣""茶神"的美誉，他写了一部《茶经》，是世界上第一部全面介绍茶的专著。为撰写这部书，陆羽起早贪黑，跋山涉水，进行了艰辛的实地考察，对茶的性状、种植、采制等进行了细致、科学的分析研究。

11 柑橘栽种

绵延数千年的技术

战国（公元前 475 年—公元前 221 年）时期，长江流域生长着许多橘树，楚国诗人屈原非常喜欢橘树，专门写过一首《橘颂》，赞美橘树姿态俊逸动人，结出的柑橘味道甜美，青绿树叶和金黄果子互相映衬，灿若霞辉。屈原以橘树为榜样，希望自己也能像橘树一样拥有美好的品德，并把橘树种在自己的园子里，以明心志。这说明，早在战国时期，人工栽培柑橘已经开始了。

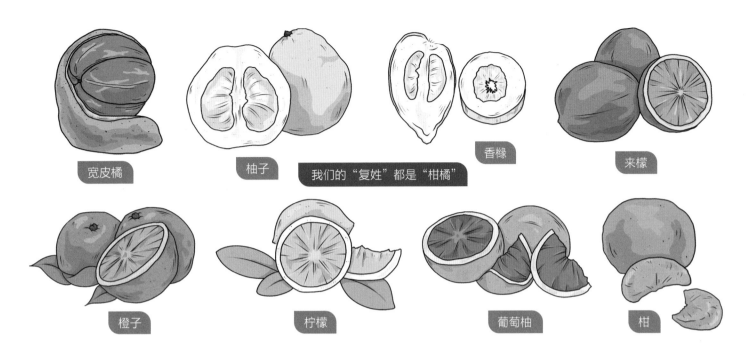

宽皮橘

柚子

我们的"复姓"都是"柑橘"

香橼

来檬

橙子

柠檬

葡萄柚

柑

柑橘"一家人"

柑橘是一个大家族，族中有三大元老：野生宽皮橘、野生柚、野生香橼（yuán）。三大元老互相杂交，有了很多后代，后代们又继续杂交，如此反复下去，就诞生了很多品相不同的"孩子"。比如，野生柚和野生香橼杂交后，有了柠檬"宝宝"，野生宽皮橘和野生柚杂交后，有了橙子"宝宝"，橙子和野生柚杂交后，有了葡萄柚"宝宝"……所以，平时你吃的橘子、柚子、柠檬、橙子等，虽然长相不一样，味道也不同，但它们都是"一家人"。

给柑橘"动手术"

你可能很疑惑，树又不能走路，不能移动，它们是怎么实现杂交的呢？聪明的古人想到了嫁接的办法。春天之前，他们在晴朗暖和的天气给柑橘实施"手术"，把柑橘和其他果树的枝条嫁接在了一起。

选择柑橘接穗，把接穗下面削去一部分。

把砧（zhēn）木切出一个小口子（嫁接柑橘的砧木有枳、甜橙、酸柠檬、橙子、柚子等）。

把接穗插入砧木上的口子中。

把接穗紧紧捆绑在砧木上就可以啦。

真的是我搞错了？

晏子

"橘"和"枳"的误会

还记得春秋时晏子出使楚国时讲的故事吗？他曾说："橘生淮南则为橘，生于淮北则为枳。"意思是，橘树生长在淮河以南的地方就是橘树，生长在淮河以北的地方就是枳树，比喻环境不同，事物的性质也不同。其实呢，这可是一个天大的误会。橘和枳根本不是同一个属的植物，不可能变来变去。橘属于柑橘属，枳属于枳属。只不过，古人常用枳树嫁接柑橘。橘树喜欢温暖湿润的环境，如果在北方嫁接，往往会被冻死，由于嫁接不成功，树还是枳树。正是这种奇特的现象，才让晏子误会橘树种在北方会变成枳树。

橘錄

一本写柑橘的书

宋朝的时候，柑橘栽培技术已经非常先进了。抗金名将韩世忠的长子韩彦直在工作之余写了一部《橘录》，罗列了柑橘大家庭里风头最大的柑、橘、橙等明星，还写了关于栽培的方法，步骤很详细，不会种柑橘的人看了这本书后也对种橘有所了解了。

苔藓的入侵

橘树也会生病，给橘树看病要先看"脸色"，如果橘树变黄，说明树干有了病变。一般来说，两种生物会让橘树生病，一种是苔藓，一种是蛀虫。橘树"年龄"大了之后，树干上就会生苔藓，苔藓会吸收树的营养，使树干枯。这种时候，古人会用刀将苔藓刮去，并剪掉很多枝叶，让树保持通风，能洗"太阳浴"。

橘子花

果实

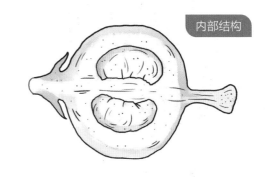

内部结构

柑橘为什么是分瓣的

你在吃柑橘时，一定注意到果肉是一瓣一瓣的，你想过是为什么吗？这是因为橘子瓣外面有一层薄薄的囊状物，即内果皮，内果皮把果肉包成一瓣一瓣的。

柑橘的"魔法"

柑橘的花朵授粉后，子房会膨大，发育成果子。果子没成熟时，表皮有很多叶绿素，使柑橘呈现出青绿色。秋天，叶绿素被分解，胡萝卜素等色素占了上风，柑橘就像变戏法似的慢慢变黄了。

橘黄色的橘子

橘树是常绿乔木，初夏开白色花，果子成熟后变成橘黄色。

果肉间的白色纤维叫"维管束"，是给柑橘输送养分用的。

挤柑橘皮时为什么会"喷雾"

如果你仔细观察柑橘，就会发现，柑橘皮上有许多凹凸不平的颗粒，颗粒就是柑橘的油室，里面有丰富的橘子油，当你一挤橘子皮的时候，橘子油就喷出来了。

12 温室培育

寒冬里的生机

汉元帝（公元前74年—公元前33年）时，有一年冬天，皇家苑囿上林苑的太官园修造了一个特殊的"菜园子"。这是一个环形的房子，上面覆盖着天棚，可以透进温暖的阳光，并把凛冽的寒风挡在外面。有人在房中种了葱、韭菜等，然后，屋内昼夜不停地生火，保持适当的温度。就这样，种子发芽，蔬菜长出来了。世界上最早的温室栽培技术也问世了。

发生了"怪异"的事

温室栽培技术是农业科技史上的一座里程碑，它表明人类对大自然的了解和控制已经取得了重要进展。可是，对于汉朝人来说，这却是违反自然规律的。当温室里出现绿油油的葱和韭菜后，这种"怪异"的"大事件"被汇报给了汉元帝，汉元帝大吃一惊，赶紧下旨禁止温室栽培。不过，温室栽培技术在民间并未绝迹哦，之后一直还有人挑着温室蔬菜去卖呢。

藏在坑洞里

蔬菜在冬天没法正常生长，古代百姓为了吃到新鲜的蔬菜，便挖出坑洞，把之前收获的蔬菜藏在里面，避免蔬菜被冻坏，也避免风雨和鸟雀的侵害，也能防盗贼。这叫窖藏法。

"黄卷"是什么菜

第一次听见"黄卷"这个名字吧？它就是黄化蔬菜，你平常吃的豆芽菜就属于黄化蔬菜。这种蔬菜在温室中长大，由于室内不见太阳，光线很暗，蔬菜很难进行光合作用，无法形成叶绿素，颜色就变黄了。不过，这并不影响口感哦。古人用这种方法补充了冬天蔬菜不足的缺憾。

怎么帮助花朵盛开

在寒冷的冬天，花朵很难盛开，古人于是又打起了温室的主意。他们用纸把屋子糊上，然后在地上挖一些沟，再往沟里放入热水，在沟旁竖上架子，把花盆挂在架子上，并在沟中加入牛粪、硫黄等热性肥料，以增加室内温度。花在这样的环境下就能提前开放了。这种催花法，被称为堂花术。

真荣幸啊，能同时看到蜡梅和牡丹。

⑬ 甘蔗制糖

关于甜的故事

相传唐朝大历年间（公元766年—779年），四川遂宁附近的伞山上住着一位邹姓和尚。每当要买东西时，邹和尚会写个字条，连铜钱一起拴在一头白驴的脖子上，让白驴下山去买。一天，白驴返回时踏坏了山下人家的蔗苗。邹和尚无钱赔偿，便教给人家一个制蔗糖的方法。当时，人们只会依靠暴晒取石蜜（粗糙的砂糖），学会制蔗糖后，很快开起糖坊，制出的糖霜光洁晶莹，形似冰块，被称为"冰糖"。

诗词歌赋里的甘蔗

周朝时，古人就开始种植甘蔗了，战国诗人屈原和汉朝辞赋家司马相如都在作品里提到过甘蔗，当时还不叫甘蔗，叫"柘（zhè）""诸柘"等。奇怪的是，三国以后，才有一些关于栽培甘蔗的零星记载。宋元以后，记载才多了起来。

栽培的技术

古人主要在春天种植甘蔗，并根据不同甘蔗的特性，把它们分别栽培在大田、山地或其他地方。为了让甘蔗生长旺盛，古人在耕地时耕得极深，而且多次翻耕；播种前，要用水浸泡种子，等种子萌发小芽后，再去播种；播种时，要把两个甘蔗芽平放，而不是一上一下，以避免向下的芽难以破土生长。

蔗糖"三剑客"

甘蔗收获后，古人会把甘蔗榨汁，然后制作红糖、白糖和冰糖。糖的品种由甘蔗的老嫩决定。甘蔗怕冷，在十月就降霜的地区，要早点砍甘蔗制糖，可以制红糖。在无霜的地区，古人会在冬至后收割，这些"岁数"大一点的甘蔗，可以制白糖。至于冰糖，则是用糖熬煮煎炼而成的。

糖是怎么诞生的呢？先要砍掉蔗叶，削掉蔗皮，再把香甜的甘蔗茎送进造糖车。

造糖车是古代的"榨汁机"，工作原理简单而奇巧，就是用牛拉动两个圆柱，两个圆柱间有齿轮，甘蔗塞在两个圆柱间，就被榨出了甘甜的汁液。

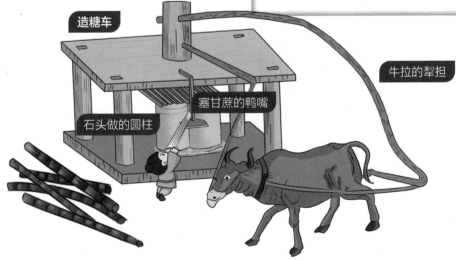

造糖车

石头做的圆柱

塞甘蔗的鸭嘴

牛拉的犁担

瓦溜

黄泥水

▶ 把瓦溜（漏斗）的出口处堵上稻草，架在大缸上；
▶ 往里面倒入黑砂糖，等颗粒凝结成块后，拿掉稻草，淋黄泥水；
▶ 黄泥沙吸附了黑色杂质，流进大缸，瓦溜里只剩下白霜般的砂糖。

⑭ 水碓
河水创造的奇迹

汉朝思想家桓谭（约公元前23年—公元56年）写了一部《新论》，书中提到了水碓，说水碓是利用流水来驱动的机械，能够春捣，给谷物去壳。到了汉安帝的时候，尚书仆射虞诩提议，在陇西羌人的住地修筑河槽，建造水碓，汉安帝同意了。不久，在人烟稀少的边远地区，开始出现越来越多的水碓。水碓减轻了人们的劳动强度，使军粮丰饶富足起来。

杵臼

在水碓发明之前，古人已经在琢磨怎么给谷粒去壳了。传说，伏羲发明了杵臼，就是用一根经过加工的圆木棒，跟你熟悉的捣蒜工具很像，用它可以捣碎草药。后来，有人用它砸去谷粒的壳。

脚踏碓舂米

无论杵臼还是磨盘，都要用胳膊使劲，很累人。到汉朝时，古人发明了好几种碓，有一种是脚踏式的。这种方式利用了杠杆原理，当脚向下踩时，身体的力量使锤头升起；当脚松开时，锤头就落下来舂（chōng）米，省力多了。但用脚踏碓也要用力啊，汉朝人开始打起牲畜的主意，于是，用牛、马、驴牵拉的畜力碓出现了。

水碓

水碓是利用水力的工具。当河水流过水车时，会转动轮轴，从而拨动碓杆一上一下地运动，当碓杆落下时，就开始舂米了。

中国在汉朝发明了水碓，浙东山区在唐朝已有了使用滚筒式水碓的记载。

石磨

米煮成饭后吃起来很香，磨成面后也很香啊。于是，古人又发明了石磨。石磨非常"强硬"，能把米、麦、豆等磨成粉末或浆液。

上层有孔，把粮食放入孔中。

扶着把手转动磨盘，粮食会被磨成粉末或浆液。

粉末或浆液从下层和上层之间的缝隙出来。

连机碓

一个水车可以带动几个碓呢？这就要看水力的大小了。水力大的可以多装几个，水力小的就少装几个。装了两个以上的碓，叫连机碓。魏末晋初的军事家杜预（公元 222 年—285 年）是一位农具"发烧友"，他总结了水排加工粮食的经验，发明了连机碓。

连机碓的水车横轴。

横轴上穿着 4 根短横木，旁边有 4 根碓。

在水力的作用下，碓头翘起来，短横木转过去，翘起的碓头又落下来，一起一落地舂米。

水转连磨

杜预还发明了水转连磨，也由水轮驱动，给中国古代科技史添加了浓墨重彩的一笔。

水车的长轴上有 3 个齿轮。3 个齿轮各自联动 3 台石磨。

下层为碓坊，可舂米。

上层为磨坊，可磨面。

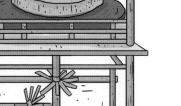

水碓磨

记得南北朝数学家、天文学家祖冲之（公元 429—500 年）吗？你以为他只算出了圆周率吗？那你就错了，他还在杜预的科研成果上，把连机碓和水磨结合起来，发明了水碓磨。

水碓的声音

水碓离不开水，所以它一定要建在河流的附近，这样才能活力满满。它还要建在村外，因为它的声音实在太大了，如果夜里"加班"的话，会让人失眠的哦。

石头也能粉碎

矿石非常坚硬，但水碓可以粉碎矿石。

太厉害了，石头都粉身碎骨了。

造纸也需要水碓

制造竹纸时，也可以请水碓帮忙。水碓能把竹片捣成竹浆。

小伙伴们，新鲜的竹浆来啦！

"炫富"的家伙

魏晋南北朝时期，有一个奇特的炫富手段，那就是显摆水碓。这是因为水碓结构复杂、造价昂贵，还需要大量的水资源，而当时的水源使用权一般归国家所有。所以，水碓一直被世家大族掌握着。如果某个家族拥有多个水碓，就意味着这个家族的势力很庞大。

⑮ 风扇车

会"生"风的车

你知道吗?
中国发明风扇车1400年后，欧洲才有类似的风车。

西汉时期，约公元前1世纪的时候，百姓收割谷物后，谷物中有很多谷壳、糠皮、瘪粒等，他们会用簸箕把这些杂物簸出去。有一天，人们在干活时，风把簸箕里的谷物杂皮都吹跑了，谷物变得十分干净。有人感觉很惊奇，便想着，如果能让风经常吹一吹，就不用费力颠簸箕了。于是，大风车诞生了。大风车被挂在树上，用手摇动，就能生风。后来，人们根据这个原理又发明了风扇车（扇车），专门用来筛选谷物。

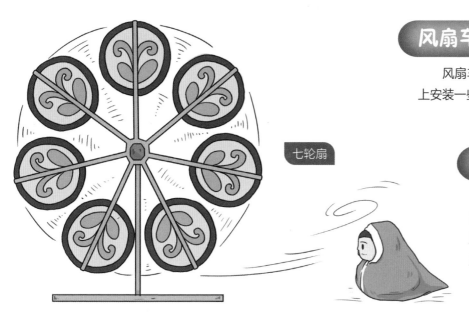

七轮扇

风扇车是怎么产生风的

风扇车的"灵魂"是它的轮轴，虽然只有一个，但只要在轮轴上安装一些扇叶，转动轮轴，就能产生风了。

七轮扇

据说，汉朝的时候，长安有一位叫丁缓的人，发明出一种风扇。风扇有七个扇轮，十分庞大，运转起来满室生风，夏天也会感觉凉爽。这种风扇先用于避暑纳凉，后来被慢慢地运用到了农业上。

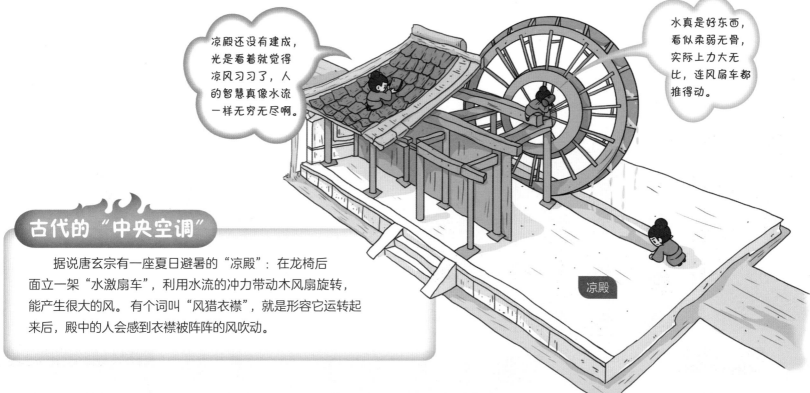

凉殿还没有建成，光是看着就觉得凉风习习了，人的智慧真像水流一样无穷无尽啊。

水真是好东西，看似柔弱无骨，实际上力大无比，连风扇车都推得动。

凉殿

古代的"中央空调"

据说唐玄宗有一座夏日避暑的"凉殿"：在龙椅后面立一架"水激扇车"，利用水流的冲力带动木风扇旋转，能产生很大的风。有个词叫"风猎衣襟"，就是形容它运转起来后，殿中的人会感到衣襟被阵阵的风吹动。

开放式风扇车

最早的风扇车只有扇叶和立轴，既没有外壳，也没有风道。这种开放式风扇车制作简单，操作容易，一问世就很"抢手"，但它"生"出的风是向四面流动的，会把糠皮、谷壳等吹得到处都是。

谷壳吹到身上可痒痒了。

会吹风的"老虎"

之后，古人又发明了封闭式风扇车。这种风扇车的外形很像一只蹲着的大老虎，它的"肚子"是一个大风箱，里面有风叶。干活时，一个人往喂料口里倒谷物，一个人摇动手柄，风叶就慢慢地转动起来，生出风来。谷壳、糠皮等重量轻的杂物会被风吹出去，饱满沉实的谷粒则从下边的出料口流出去。

王祯画的风扇车

元朝农学家王祯（zhēn，公元1271年—1368年）写的《王祯农书》多次记载了风扇车，他还把风扇车画了下来。他画的是一种开放式的风扇车，没有特设的风道。

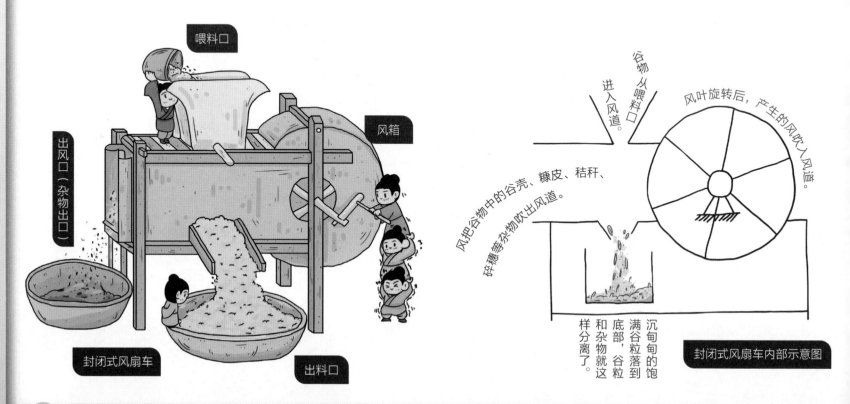

喂料口

风箱

出风口（杂物出口）

封闭式风扇车

出料口

进入风道。

谷物从喂料口。

风叶旋转后，产生的风吹入风道。

风把谷物中的谷壳、糠皮、秸秆、碎穗等杂物吹出风道。

沉甸甸的饱满谷粒落到底部，谷粒和杂物就这样分离了。

封闭式风扇车内部示意图

明朝时，封闭式扬谷风扇车被欧洲人看作"奇怪的机器"。它有多奇怪呢？你想象一下就知道了：车内产生巨大的风，使谷壳、糠皮从出风口呼啸而出，而饱满的谷粒从出料口哗哗流出，场面是不是很神奇、很壮观？

筛选粮食的"好手"

足踏式风扇车也是清选粮食的"好手"。这种风扇车主要靠脚发力，把脚踩在拉绳上，驱动叶轮转动，产生风，就能干活了。

还能帮忙做饭

风扇车的本事很大，不仅能筛选粮食，还能做点"兼职"。比如，风扇车的风箱可以帮人生火做饭，甚至能帮人炼铁，原理很简单——拉动风箱手柄，可以产生风，能使火更旺。

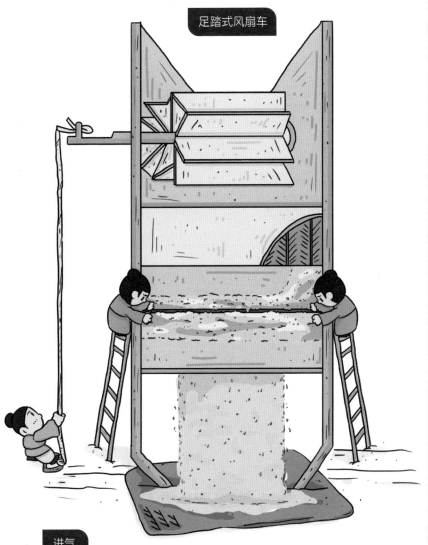

足踏式风扇车

风箱

关闭　进气

出气　关闭

风箱工作原理图

你知道吗？

风扇车是一项独特的发明创造，其中，封闭式风扇车的进气口位于风腔中央，堪称离心式压缩机的"祖先"。

16 翻车

能吐水的"木龙"

魏晋时期有一位名叫马钧的官员。他在洛阳城看到百姓因为无水浇灌菜园，只能把菜地弃置在那里，很想帮一帮百姓。于是，他把原有的翻车进行改造，利用改造后的翻车把河里的水轻松地引上坡，帮百姓浇灌菜地，还能在雨涝的时候把水排出去。翻车操作简单，连小孩子都会摆弄，功效比以前的水车提高了很多倍。

累人的"抱瓮取水"

显然，翻车是一种提水工具，那么，在翻车出现之前，古人用什么提水呢？很早以前，古人用陶罐等容器取江河湖泊的水。这些水源有时候会干涸，他们便挖坑、凿井，抱瓮取水。如果水源离家或土地远，他们要一趟一趟地来回奔波，好累人啊。

取完水，我哪还有力气浇地。

跷跷板一样的桔槔

能不能省点力气呢？春秋时期，古人想到了一个好办法。他们在架子或大树上加一根长木棍作为杠杆，杠杆的一头挂着石块等重物，另一头挂着水桶。打水时，把水桶拉下来放到井里，水满后，依靠石块的力量，很轻松地就能把水桶提上来。这就是桔槔（jié gāo），像跷跷板一样。

给我一个支点，我能提起地球。

先把水提上来再说。

"有深度"的辘轳

桔槔取水虽然很先进，但遇到深井就无能为力了。不过别担心，古人总是有办法的，他们根据轮轴原理，又发明了辘轳。在井旁竖一副支架，架上有一根木轴，木轴上缠着绳子，绳子一端系着水桶，只要一摇转手柄，水桶就能下井取水了。

洒水车的"前生"

汉朝有一个叫毕岚的宦官，他最早发明了翻车，用来道路洒水，也能用于浇灌。三国时期发明家马钧就是根据毕岚的发明改造的新翻车。翻车又叫龙骨水车。

手摇式翻车

◆水车的柄被摇动后，会带动轮轴转动，从河里取水。

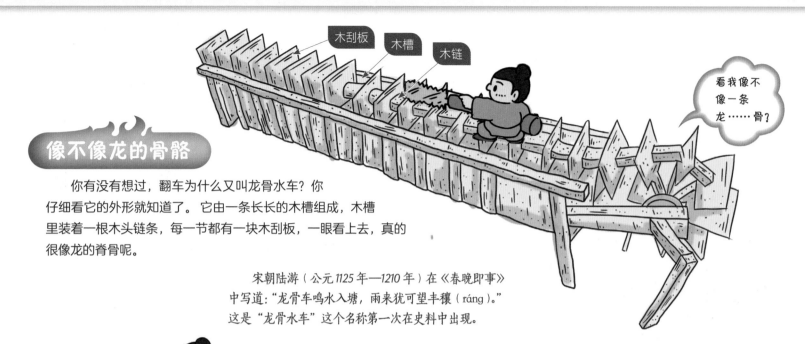

木刮板　木槽　木链

看我像不像一条龙……骨？

像不像龙的骨骼

你有没有想过，翻车为什么又叫龙骨水车？你仔细看它的外形就知道了。它由一条长长的木槽组成，木槽里装着一根木头链条，每一节都有一块木刮板，一眼看上去，真的很像龙的脊骨呢。

宋朝陆游（公元1125年—1210年）在《春晚即事》中写道："龙骨车鸣水入塘，雨来犹可望丰穰（ráng）。"这是"龙骨水车"这个名称第一次在史料中出现。

脚踏式翻车

翻车须安放在河边。

翻车的木槽筒下端和木翻板须浸到水下。

龙图腾

古人以龙为图腾之一，希望龙能带来风调雨顺和好收成。龙骨水车的名字也可能和这种图腾崇拜有关。

脚踏式翻车

脚踏式翻车很省力，把脚踩在水车的滚轴上，全身的力量使木头链条转起来。木头链条一圈圈转动，木翻板就把河里的水汲取出来，送到岸上的田地里去了。

畜力翻车

让牛、马、驴等能"扛活"的牲畜出力，转动翻车，灌溉能力比人力要强很多。

翻车送"雨"

宋朝梅尧臣（公元1002年—1060年）曾写过一首关于翻车的诗，"既如车轮转，又若川虹饮；能移霖雨功，自致禾苗稔（rěn）"，形容翻车工作时就像车轮在转动，又像彩虹垂入水中，能帮助禾苗沐浴"霖雨"，达到成熟。

农家的辛苦

无论是用脚踏翻车，还是用畜力翻车，农民都得参与劳动。宋朝王安石（公元1021年—1086年）于是说："龙骨已呕哑，田家真作苦。"翻车发出喑哑的声音，农家真的非常辛苦。

水力翻车

牲畜也有累的时候，于是，一个新发明又出现了——水力翻车。这是依靠水流的力量带动翻车的好办法，比畜力翻车的效率要高两三倍。

你知道吗？

龙骨水车是一种刮板式连续提水机械，是中国古代劳动人民发明的最著名的农业灌溉机械之一。

今天，翻车已经完成历史使命，光荣地"退休"了，但翻车的水车链轮传动、翻板提升的科学原理，仍有不朽的生命力。斗式挖泥机的泥斗就是从翻车的翻板脱胎而来的。

17 大风车

"八面威风"的大家伙

南宋人刘一止（公元 1078 年—1161 年）从小好学，长大后考中进士，入朝为官。他博学多才，写文章下笔神速。晚年，他回到乡村，过着清贫的生活。他写下一部《苕溪集》，里面有"老龙下饮骨节瘦，引水上泥声呷呀，初疑蹙（cù）踏动地轴，风轮共转相钩加"之句，被推测为是对翻车和风车的相关记录。他还在书中写道，人生残年，希望能吃饱饭，所以听到翻车和风车的声音时，比听到蛙声还美妙。

风车的真面目

刘一止记载的如果真是风车的话，那就是中国历史上最早的对风车的记载了。不过，直到明清时期，才出现了对立轴式大风车的精确记载。如果你不清楚什么是立轴式大风车，那就先了解一下走马灯吧。

走马灯的秘密

走马灯里，有一根立轴，立轴的上端有叶轮，下端安装蜡烛。蜡烛被点燃后，热空气上升，而下方又补充进了冷空气，产生对流，就推动叶轮旋转起来了。固定在立轴上的剪纸图案（如武将骑马）也转动起来，投射在屏上，看起来你追我赶，热闹有趣。

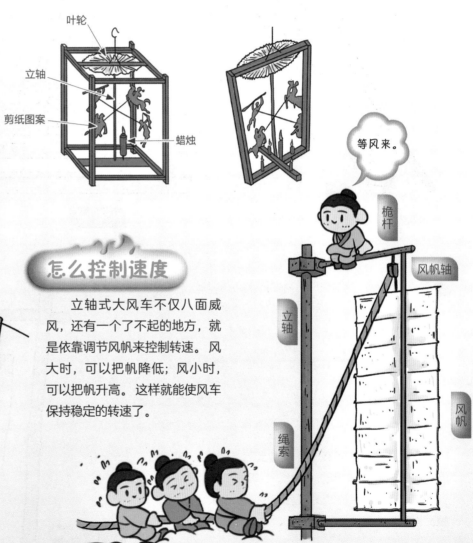

叶轮
立轴
剪纸图案
蜡烛

等风来。

敢于迎接"八面来风"

立轴式大风车最早的时候就叫走马灯，明朝时，这种风车非常庞大。一根立轴差不多有4层楼高，四周的架子挂上8面帆。最神奇的是，帆不需要对准风向，它能迎接任何方向来的风，丝毫不受风向的限制，非常了不起。

怎么控制速度

立轴式大风车不仅八面威风，还有一个了不起的地方，就是依靠调节风帆来控制转速。风大时，可以把帆降低；风小时，可以把帆升高。这样就能使风车保持稳定的转速了。

桅杆
风帆轴
立轴
绳索
风帆

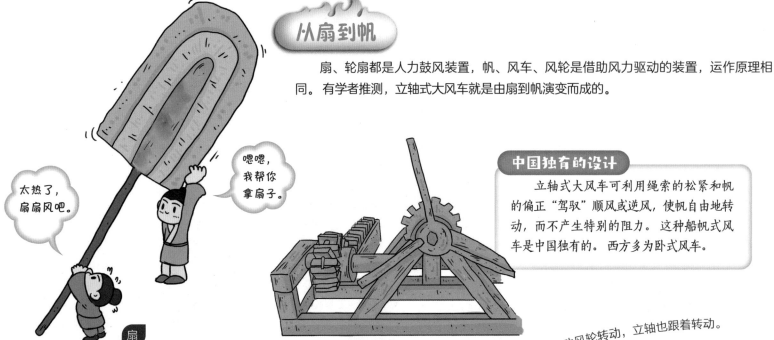

从扇到帆

扇、轮扇都是人力鼓风装置，帆、风车、风轮是借助风力驱动的装置，运作原理相同。有学者推测，立轴式大风车就是由扇到帆演变而成的。

太热了，扇扇风吧。

嗯嗯，我帮你拿扇子。

扇

中国独有的设计

立轴式大风车可利用绳索的松紧和帆的偏正"驾驭"顺风或逆风，使帆自由地转动，而不产生特别的阻力。这种船帆式风车是中国独有的。西方多为卧式风车。

卧式风车

风车是一种环保的动力机械，因为它不需要燃料，只要有风就够了，风取之不尽，又没有辐射，更不会污染环境。

风吹动风帆，风帆带动风轮转动，立轴也跟着转动。

立轴下方的齿轮与翻车的齿轮连接，翻车也转动起来。翻车转动后，河里的水就被取上来了。

帆

立轴式大风车

带着翻车一起玩

立轴式大风车不仅"外貌威武"，还是一个实力派，可以带动翻车转动、取水。1架风车能带动1~3架水车，不用人费一点力气就能浇灌农田了，是不是很厉害？

从海水中取盐

　　古人在提取海盐时，可以用立轴式大风车把海水引入盐池，等到海水经日晒蒸发后，就能得到白色的盐粒了。

杉木骨骼

　　立轴式大风车如此"能干"，古人要用什么材料制作它的骨骼呢？答案是杉木和桑木，以杉木居多。因为杉木随处可见，质地软而细密，容易加工，还耐腐蚀、耐潮湿，这对于每天"风餐露宿"的大风车来说，再合适不过了。

有人曾按照明朝《天工开物》上的绘图复原立轴式大风车，发现风车的结构能自动减压。风车还运用了榫卯结构，一颗钉子也不用。

古代木船上的桅杆也多为杉木所制。

杉木

卧式风车

　　卧式风车也叫水平风车，构造很简单，不能迎接八面来风。比如，刚刚吹过来一阵东风，风车转得正起劲呢，突然间风向变了，变成了南风，风车立刻就"束手无策"，没法转动了，确实不太给力呀。

猪的驯化
野猪的驯养史

野猪首先在中国被驯化。在距今大约10000年前，原始森林里有很多长着尖利獠牙的野猪。原始人在采集、狩猎时，经常会与野猪相遇，与凶猛的野猪搏斗获胜后，会把捕获的野猪拖回部落食用。随着捕猎技能渐渐提高，原始人捕获的野猪多了起来，一时吃不完时，就把剩下的野猪看管喂养起来，等到需要时再吃。野猪们不劳而获就能饱腹，这让它们不需要再"奋斗"了，外形和习性都发生了变化，慢慢地被驯化成了可以饲养的家猪。

怪兽一样的野猪

在你的想象中，猪是不是都一个模样？其实，在远古时期，野猪的长相很古怪，有的像大象，有的像怪兽……它们经过了千万年的演化才变成你现在所看到的憨态可掬的猪。

弓颌猪

弓颌猪也是响当当的"战神"，能把丛林猛兽剑齿虎打败。

看你还敢在我的地盘上撒野！

猪大哥，饶了我吧！

巨 猪

巨猪长相凶猛，能长到野牛那么大，可以和同时期的恐龙大战几回合，堪称野猪群里的"战斗机"。但巨猪的脑容量很小，也就一颗橘子那么大。因为"四肢发达，头脑简单"，它们在自然界中慢慢被淘汰了。

肿面猪

猪被驯化后，差异慢慢变小。商朝时，古人驯化出了很成熟的家猪品种——肿面猪。它的前身就是能打败剑齿虎的弓颌猪。

地球上最古老的物种之一

悄悄地告诉你，猪有 3600 多万年的生长历史，而我们人类……在地球上才存活了 300 多万年。

我很丑，可是我很温柔。

嘉兴黑猪

嘉兴黑猪存在于7000 年前的嘉兴，是一种较早的家猪。它们的食谱和现在的家猪差不多，喜欢吃蔬菜、红薯之类。

牙齿有多重要

今天，很多种野猪都灭绝了，有的骨骼成了化石。也许你会疑惑：科学家怎么通过化石来辨别是野猪还是家猪呢？答案是——牙齿。通过牙齿，科学家能推断出猪的演化过程。

一起来看看从野猪到家猪的驯化过程中，猪的长相和牙齿的变化吧。

亚洲野猪

大脑袋，小臀部；牙齿又尖又长，可以咬碎骨头。

原始家猪

被人类驯化后，脑袋变小，臀部变大，牙齿慢慢变短变圆。

现代家猪

小脑袋，大臀部；牙齿再也没有巨大的杀伤力了。

阉猪术

自从开始驯养野猪，古人的养猪技术也越来越进步，商周时期还发明了阉猪术。阉猪术也叫"去势"，就是割掉猪的生殖腺，使猪的性情变得温顺，形体更圆润，更容易被管理。阉猪术是养猪技术史上的一大创造发明。

相 猪

汉朝时，养猪的人很多，可是，猪有好有坏，怎么分辨呢？别担心，有"相猪师"可以帮忙。还有人写了专著《相猪经》，相猪师认为：长嘴巴的猪牙齿多，不爱吃东西，长不肥，不是好猪；有绒毛的猪也不是好猪，食用时很难清理，还具有野猪的特性；只有短嘴巴、大耳朵、圆屁股、蹄子对称的猪，才算一头好猪。

家和猪有什么关系

请你仔细看下图最左边这个字，这是甲骨文的"家"字，外形就像一个搭起来的小窝棚，小窝棚里有一头猪。商朝时，人们经常在家里养猪，所以"家"字才这样写。

甲骨文　小篆　楷体

养猪是一件美好的事

春暖花开时，野草丰盛，古人会把猪赶到草丛中放养；秋冬季节，植物凋零，古人就开始圈养猪啦。

猪胰子：古代肥皂

把猪的胰脏洗干净，磨成粉末，然后加入豆粉等，制成不成团的"肥皂"，被称为"澡豆"。古人可以用它洗手洗脸。

你知道吗？

猪的驯化让人类有了重要的食物，能为人的大脑补充营养，使人的身体也更强壮。今天，猪肉是人类的主要食材之一。

猪粪的贡献

古代没有化学肥料，猪粪是一种天然肥料。东汉人曾把猪舍与厕所放在一起，既解决了生理问题，又收获了肥料。猪粪中的有机质等养分可以使土地肥沃，帮助庄稼生长。不过，猪粪要经过发酵才能使用，不然可能会把苗苗"烧"坏呢。

猪图腾

新石器时代，原始人认为，大地母亲生养人与万物，而猪的肚子肥大、繁殖力强等特点跟"母亲"能够生养有共通之处，所以猪被奉为图腾，直到秦汉以前仍颇受崇拜。

新石器时代玉猪龙

猪和龙的结合，好好见识下。

19 良种杂交优势

新的神奇物种

骡子"诞生"后，在很长一段时间里，地位和价值都极高，甚至与犀牛、大象、琥珀、珠玉、珊瑚等并列。

商朝（公元前 1600 年—公元前 1046 年）的时候，周边的很多方国、部落等，每年都向朝廷进贡。有一年，一些部落使者赶着"奇畜"前来进贡。"奇畜"长相特异，脑袋大，耳朵也大，四肢长而强壮，蹄子小，身体比驴大，又比马小。众人见其似马非马、似驴非驴，都觉得稀奇，视之为奇珍异兽。到了周朝春秋时期，贵族赵简子养了两头白色的"奇畜"，无比珍爱。其实，这就是骡子，是利用马和驴杂交得到的新物种。

什么是杂种优势

马和驴基因不同，当马和驴结合后，诞生了一个新物种——骡。骡既不是驴，也不是马，而是驴和马这两个物种之外的物种，这就是杂种。骡的父亲母亲是驴和马，马和驴是骡的亲本，而骡的一些性状比两个亲本还好很多，比如，抗病力强，耐力大，更能适应环境，这就是杂种优势。

骡

马

驴

雄马和雌驴的后代叫驴骡；雄驴和雌马的后代叫马骡。骡的体力比驴好，性情比马温顺，又很活泼，寿命比马和驴都长，更适合拉车、驮载。

牦牛的后代

古人对杂种优势的利用还有猪、牛等动物。在高海拔的青藏高原上，生活着凶猛的野牦牛。藏族同胞使野生牦牛和黄牛结合，产生了新物种——犏（piān）牛。犏牛保留了牦牛的优点，又比牦牛温顺，更能驮运挽犁，对人的帮助更大。

牦牛

蚕蛾也有故事

在养蚕时，古人利用杂交技术将一化性蚕的雄蛾与二化性蚕的雌蛾杂交，培育出更好的蚕种，吐出来的丝更柔韧、更有光泽。

一年繁殖一代的叫一化性，一年繁殖二代的叫二化性。

黄牛

犏牛

20 酒的酿造
微生物的奇妙变化

传说杜康是黄帝（约5000年前）手下的一位大臣，专管粮食。有一年，他把粮食储存在枯树的树洞里，过了很长时间再去查看时，发现枯树周围竟然躺着一些野山羊、野兔、野猪等。他仔细查看，原来是树洞中的粮食化成水流淌出来，动物们舔吃后便睡倒了。杜康也尝了尝，感觉味道甘醇、令人兴奋，便取了一些回去。黄帝和大臣们尝了这种液体后，感觉飘飘欲仙，认为这是粮食发酵后生成的好东西。大臣仓颉还给它起了名字：酒。杜康由此也被称为"酒神"。

你知道吗？

早在原始社会，古人就懂得如何用野果、蜂蜜和谷物制取酒精饮料了。新石器时代就有了盛酒的容器。当你走进博物馆时，会见到各种造型精美的酒器。

什么是酒曲

远古时期，人们接触到了一些天然发酵的酒，之后开始主动酿制。到夏商时，酒已经很普遍。古人慢慢地总结出经验，知道了酿酒要加酒曲。什么是酒曲呢？这么说吧，把发霉的谷物捣碎，就会生出霉菌等微生物，这就是酒曲。

酒曲

酒曲中有微生物和微生物分泌的酶，酶能使谷物中的淀粉、蛋白质等快速转变成糖、氨基酸。之后，在酵母菌的作用下，糖分解成乙醇，也就是酒精。

还有一个蘖

蘖（niè）原本指树木长出来的新芽，也指植物长出的分枝，后来引申为生芽的谷物。生芽的谷物就是蘖。蘖本身含有的酶也能使谷物分解出糖，在酵母菌的作用下，糖进一步分解为酒精。但蘖的发酵能力比酒曲弱，汉朝以后，蘖渐渐没落了。

用什么酿酒

古人大多用粮食（高粱、大麦、小麦、豌豆等）或水果（桑葚、梅子、梨子、桃子等）酿酒，有时也用花朵酿酒，听起来很有诗意吧。

高粱

桑葚

青梅

菊花

各种各样的酒器

有了酿酒技术，酒器的种类也越来越多了，盉（hé）、爵、觚（gū）、觥（gōng）、角、斝（jiǎ）等纷纷问世。

盉

爵

觚

觥

酿酒啦！酿酒啦

曹操的酿酒法

曹操有两句诗："对酒当歌，人生几何！""何以解忧？唯有杜康。"曹操不仅喜爱饮酒，对酿酒技术也很了解。他向汉献帝呈献过一套《九酝酒法》。该方法与近代连续投料的酿酒法大致一样，就是不断地往酒醅（pēi）中放入原料，原料经根霉菌糖化，补充酒醅中的糖，使酵母菌能在合适的糖度中发酵，酿出的酒口味醇厚。

浸米 把米浸泡在水中，促进淀粉充分水解。

蒸米 蒸煮粮食，使淀粉变成糊糊，有利于发酵。

控制酸度

古人曾用酸浆法酿酒。酿酒前先做酸浆，酸浆能保护酵母菌，调节发酵。这和现代酿酒中的控制酸度相吻合，说明古人已掌握乳酸菌生酸、抑制杂菌生长的方法。

煎酒 把酒放入锅中煮熟，杀毒灭菌，然后趁热把酒装入坛、罐，就大功告成啦！

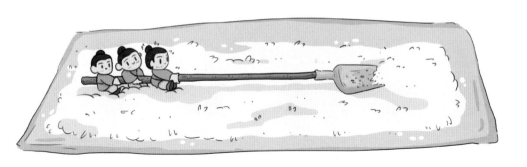

落缸 把米放入发酵池并倒入酒曲等，然后盖严盖子，等待发酵。

摊米 把蒸煮后的米摊开、放凉。

开耙

发酵过程中会产生热量和二氧化碳，需要搅拌将它们释放出去，并适当供氧。

压榨

发酵成熟后，要进行压榨，把酒和糟粕（zāo pò）分离。

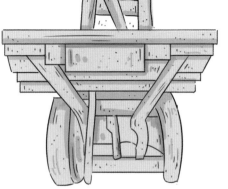

蒸馏技术

宋朝之前，发酵酿的酒，也就是黄酒，一统天下。黄酒度数低，不好保存。宋朝以后，酒的升级版出现了，那就是蒸馏酒，俗称"烧酒"。烧酒酒精度可达 70 度，容易保存。今天的白酒都属于蒸馏酒。

你知道吗？

根据不同的制造方法，酒分为酿造酒、蒸馏酒等。酿造酒度数较低，如葡萄酒、啤酒、黄酒等；蒸馏酒度数较高，如白酒等。

21 醋的酿造

寻找酸的味道

在醋没有发明之前，古人用梅子调和酸味，小小的梅子和盐一样有着极高的地位。有了醋之后，梅子仍然在很长一段时间内担当调和酸味的"大任"。

传说夏朝（公元前2070年—公元前1600年）时，杜康有一个儿子叫杼（zhù）娃。在杜康的影响下，杼娃也会酿酒。有一年，他在渭水旁酿酒，将酒糟放进缸里，用水浸泡后，盖上木盖，压上石头，便出门去了。等到21天后，他猛然想起此事，赶紧回家把缸盖揭开，没想到一股香气扑面而来，尝了一口，感觉酸酸的。由于这种液体是21天酿出来的，人们便用"廿一日"同"酉"合在一起命名，就成了"醋"。

名字叫"苦酒"

你知道吗？醋一度被当成一种酒。起初，古人酿酒时，如果温度太高或太低，酿出来的酒就带着酸味，古人叫它"苦酒"，用来祭祀，这其实就是醋。

醋的扩张

周朝时，醋又叫醯（xī），朝廷设置了醯人，负责掌管与醋有关的事。秦汉时期，醋还叫酢，是一种大众调味品。此后，醋的家族迅速扩张，到了南北朝时，已经有几十种。醋也写为酢（cù）。酿醋方法繁多而专业。

粮食是怎么变成醋的？有一种方法是这样的

选料、拌料

选取饱满谷物，清洗干净，然后浸泡、搅拌。

蒸料、晾晒

把原料放入锅中蒸熟，然后晾晒；加入醋曲（由发霉的谷物制成的酿酒原料）。

发酵、熏醅

装缸发酵，21 天后形成醋醅；将醋醅放入锅中，铺花椒、茴香等进行熏醅。

淋醋、陈放

将醋醅放入槽中，加水放置，渗出来的就是醋；将醋装缸，放在阳光下，愈久愈香。

蔬菜也"吃醋"

在古代，夏天蔬菜较多，冬天却不够吃。有人发现，把菜泡在醋里，菜不仅口感独特，还能保存很长时间，于是，一种酸腌菜就问世了。

你知道吗？

宋朝时，"柴米油盐酱醋茶"已经成为家家开门七件事。到了明清时，已发明出米醋、麦醋、柿子醋、桃醋、葡萄醋、大枣醋、糯米醋、粟米醋等，各有特色。

㉒ 压榨取油

果实的价值

你知道吗?

早期的芝麻油主要用来照明、点火,后来逐渐用于饮食。

古时候,人们捕获野兽后,在烹调时得到了动物油。他们觉得油很香,便开始主动提炼。动物油也来自驯养的牛、羊、猪、鸡等家畜。到了汉朝,植物油崭露头角。公元前138年,汉武帝招募使者出使西域,张骞应募任使者出使西域。此后,张骞再次出使西域。丝绸之路就此开辟。芝麻(胡麻)也从西域传入中原。一些人渐渐意识到,植物果实中含有油脂,也可以压榨取油。于是,芝麻油问世了。后来,亚麻、大豆等植物也都成了榨油的"主力"。

时时要油煎

宋朝时，植物油的品种越来越多，杏仁、红兰花的种子、蔓菁的种子、苍耳的种子等，都能压榨取油。学者沈括说，北方人不管什么东西都要用油煎。元朝时，农学家王祯记录了当时榨油的方法，叫"木榨榨油法"。

榨油的植物

明朝时，科学家宋应星记录了经常用于榨油的植物，说"胡麻、莱菔（fú）子、黄豆、菘（sōng）菜籽为上"，也就是说，芝麻油、萝卜籽油、豆油、白菜籽油最好。他不仅给植物油分了级别，还测算出每种植物的出油率，还画出了庞大的木榨工艺，用详细的文字写了一份"使用说明书"。

木榨由整棵大树制成，樟木最好，树干中间凿出洞，放油料和木楔子；底部开一小槽，油榨出时先流入小槽，然后流入接油的容器中。

● 榨具准备好后，将油菜籽之类的种子放进锅里，小火慢炒；要不断翻拌，因为受热不均会降低出油率。

● 等到锅中散发出香气，把菜籽取出来碾碎，再用锅蒸。

● 取出蒸好的菜籽，用稻秆或麦秆包裹成饼状，包裹动作要快，否则会有很多逸散，导致出油率降低；包裹之后，就可以装入木榨压油了。

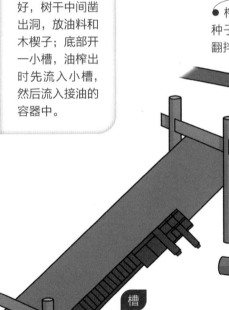

槽

接油的容器

● 把几条长方木塞进槽里，用大木头不断撞击，油就被压榨出来了。

包裹里剩下的渣滓，叫枯饼。如果是萝卜籽、油菜籽等的枯饼，要再榨一次，还能得到第一次所榨油量的一半；如果是乌桕（jiù）籽、桐树籽之类的，则不必再榨了，油已榨干。

提取海的咸味

相传在洪荒时代，原始人发现白鹿、野山羊等动物经常舔潮湿的岩石，他们也试了试，感觉有咸咸的味道，盐就这样被发现了。很多年过去后，大约在黄帝时代，生活在山东大海边的夙沙氏开始"煮海为盐"，就是用火煎煮海水，得到盐。夙沙氏非常辛苦，经常在寒冷的夜里也干活，累了就睡在草席上，就这样制出了很多盐，开创了华夏制盐之先河，被后人尊称为"盐神""盐宗"。

风头最大的海盐

无论在哪里，几乎都分布着盐。古人提炼的盐大致有海盐、池盐、井盐、土盐、崖盐和砂石盐等6种，其中，海盐的产量占大多数，古人有很多办法从大海里取盐。

给盐"洗澡"

先取海水，之后淋洗。先挖一个浅坑、一个深坑，上面架竹或木，再铺芦席，将扫起来的盐铺在席子上，堆成堤坝的形状，然后淋灌海水，盐水就渗到了浅坑中，浅坑中的盐水流到深坑中后，再倒入锅里煎炼。

给盐加热

有些古人会用牢盆煎炼盐水。加热后，如果盐水没有及时凝结，可以将碎皂角、小米糠放入盐水中，盐水就会很快结晶成盐粒。

牢盆

撒灰法

在岸边高地上撒下一寸（约3厘米）多厚的草木灰，第二天早上，因地下湿气重，草木灰下已经结满了像茅草一样的盐。把草木灰和盐一起扫起来，就可以拿去淋洗了。

晒潮法

海边有一些低洼处，每当潮水过后，太阳就能晒出盐。

挖坑法

找一个能被海潮淹没的地方，事先挖好深坑，横架竹或木棒，上铺苇席，苇席上铺沙。当海潮淹过深坑时，盐卤会通过沙子渗入坑里。撒去沙子和苇席，用火向坑里照，如果盐卤之气打灭了火，就可以取盐水煎炼了。

取草法

将海草捞起来熬炼，能得到"蓬盐"。

不"娇气"的盐

煎炼盐后，还要称重、运走、储藏起来。在地上铺稻草秆，四周砌上砖，用泥封上缝隙，上面盖茅草，把盐放在稻草秆上100年也不会变质。

24 井盐深钻和汲制

风靡千年的活化石

　　人类在很早以前就能从自然界获取盐了。沿海的人煮海为盐，内陆的人则可以从析出盐分的岩石、土壤以及盐泉、咸水湖等处收集盐。战国时，古人已经开始利用盐井来取盐。秦国水利工程专家李冰在蜀地修建了都江堰，使巴蜀地区变成鱼米之乡、天府之国。但这里离海远，十分缺盐。李冰在修造都江堰时，曾发现地下卤水，于是，他开凿了中国第一口盐井，拉开了井盐开采的大幕。

幸福是挖出来的。

挖井取盐

盐井是指能够汲取含盐的地下水的井。中国古人所发明的深井钻探技术令世界瞩目，不过，在最初的时候，他们挖的是大口浅井。

"大嘴巴"的井

你想过没有？像挖水井一样挖盐井，得多费劲啊。就算拼命挖，井口很大，但深度也不过几十米，最多上百米，这种大口浅井往往需要几百个人花很长时间才能挖出来，而地下更多的盐却无法开采出来。所以，这种"大嘴巴"的井也令人烦恼。

什么是卤，什么是盐

古人把自然盐称为"卤"；卤水被人加工后，变成固体结晶，才叫"盐"。

卓筒井

卓筒井

大口浅井从汉朝一直用到宋朝，宋朝人"嫌弃"它，便发明出了卓筒井。即利用冲击式顿钻凿井技术，凿出小口的深井，这使人们采的盐一下子多起来了。

你知道吗？

卓筒井开创了人类机械钻井的先河，是世界钻井史上的里程碑，比西方钻井技术早800年，被誉为"世界石油钻井之父"。

"世界第一井"

明清时，卓筒井已经多如繁星，清道光年间（公元1823年—1835年）还出现了世界上第一口超过1000米的深井——燊（shēn）海井。燊海井使古人开采出了地底深处的天然卤水。

神仙一样的操作

冲击式顿钻凿井技术如此神奇，是因为它巧妙地利用了重力、杠杆滑轮原理，现在一起来看看古人发明的操作吧。

钻 井

先搭一个木架，木杠的一头吊着一个大铁锉（cuò）（钻头），然后利用杠杆原理，通过脚踏，使大铁锉升起来，再松开脚，使大铁锉骤然落下，向地面猛力冲击、顿钻，就这样一次次利用重力打出深井来。

脚踏

铁锉

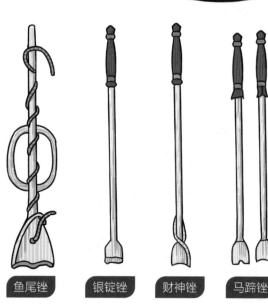

油气

古人在顿钻盐井时，意外地发现了油气。油气就是石油和天然气。燊海井就是一个有盐又有油气的井。古人把油气引出，用来煮盐。

鱼尾锉   银锭锉   财神锉   马蹄锉

400多座珠穆朗玛峰

历代盐工在自贡钻出1.3万多口井，按照平均深度300米计算，相当于钻穿了400多座珠穆朗玛峰。

取卤

井打好之后，把大楠竹的里面打通，然后把竹筒下到井里，汲取卤水就可以啦。

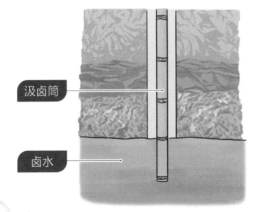

汲卤筒

卤水

◆ 汲卤筒有重力，卤水有浮力，重力和浮力相互作用，竹筒底部的阀门自动打开，卤水就流入了竹筒。

◆ 阀门就是一块熟牛皮，也叫"牛舌"。卤水灌满竹筒后，阀门在卤水的重力下自动关上。

牛舌

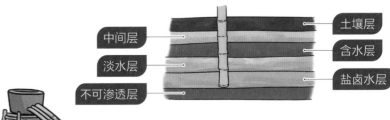

中间层
淡水层
不可渗透层

土壤层
含水层
盐卤水层

天车是什么车

你可不要小瞧一竹筒的卤水，那是非常沉的，有的上百斤，有的几百斤，为了把卤水提上来，古人花费的力气可不少。后来，古人发明了天车，就是高高的井架，依靠机械力量把卤水提上来。

天车有多高

古人建了很多高高的天车，有的高达118米，相当于39层楼高。

绳子绕过两个定滑轮，再缠绕在辘轳上，就能帮人提卤水上来了。

竹筒管道

天车

辘轳

定滑轮

终于见到盐了

卤水提上来后，就要用竹筒管道把它输送到灶房去煮啦。等到水分蒸发掉，剩下的就是白花花的盐啦。盐是人们不可缺少的调味品，是人体中不可缺少的物质成分，每一个人都离不开盐。

图书在版编目（CIP）数据

了不起的中国古代科技 . 1 / 邱成利主编；文小通
著 . —— 北京：光明日报出版社，2023.5
ISBN 978-7-5194-7183-5

Ⅰ . ①了… Ⅱ . ①邱… ②文… Ⅲ . ①科学技术 - 技
术史 - 中国 - 古代 - 青少年读物 Ⅳ . ① N092-49

中国国家版本馆 CIP 数据核字 (2023) 第 078072 号

了不起的中国古代科技
LIAOBUQI DE ZHONGGUO GUDAI KEJI

主　编：邱成利	著　者：文小通	绘　者：中采绘画
责任编辑：谢　香 孙　展		责任校对：傅泉泽
特约编辑：禹成豪		责任印制：曹　净
封面设计：李果果		

出版发行：光明日报出版社

地　　址：北京市西城区永安路 106 号，100050

电　　话：010-63169890（咨询），010-63131930（邮购）

传　　真：010-63131930

网　　址：http://book.gmw.cn

E － mail：gmrbcbs@gmw.cn

法律顾问：北京市兰台律师事务所龚柳方律师

印　　刷：河北朗祥印刷有限公司

装　　订：河北朗祥印刷有限公司

本书如有破损、缺页、装订错误，请与本社联系调换，电话：010-63131930

开　本：250mm×218mm		印　张：24.75
字　数：304 千字		
版　次：2023 年 5 月第 1 版		
印　次：2023 年 5 月第 1 次印刷		
书　号：ISBN 978-7-5194-7183-5		
定　价：236.00 元（全 4 册）